W0199307

SCHLAFENDE SCHÖNHEITEN

SCHLAFENDE SCHÖNHEITEN

Ein wahres Automärchen

Fotografiert von Herbert W. Hesselmann

Mit einem Text von Halwart Schrader

Ellert & Richter Verlag

Farbfotografien: Herbert W. Hesselmann, München
SW-Abbildungen: Archiv Halwart Schrader, München;
das Foto vom Bugatti Typ 44 stellte uns freundlicherweise
Ingo Seiff, Hamburg, zur Verfügung
Text, Bildlegenden und Anhang: Halwart Schrader, München

CIP-Kurztitelaufnahme der Deutschen Bibliothek
Hesselmann, Herbert W.:
Schlafende Schönheiten: e. wahres Auto-Märchen/Herbert W.
Hesselmann; Halwart Schrader. – 2. Aufl. – Hamburg: Ellert und
Richter, 1986. ISBN 3-922294-71-5
NE: Schrader, Halwart:

© Ellert & Richter Verlag, Hamburg 1986
2. Auflage 1986

Gestaltung: Hartmut Brückner, Bremen
Satz: Peter Appelt Grafik Design & Fotosatz, Hamburg
Lithografie: ABC Albert Bauer KG, Hamburg
Druck: Stiller Buch- und Offsetdruck, Remseck
Bindearbeiten: Buchbinderei Klemme, Bielefeld

INHALT

Wann wurde an dieser Werkbank das letztemal gearbeitet? Man hat den Eindruck, als habe den Mann am Schraubstock eines stillen Tages die Resignation gepackt. Oder wurde er von den Geistern seiner Autoreliquien verschreckt?

GATTI

Ein wahres Automärchen

Liebhaber klassischer Automobile pflegen davon zu träumen, einmal im Leben die große Chance zu haben – die Chance, einen bislang unentdeckten Klassiker aufzuspüren, vielleicht in einer alten Scheune oder in einer Herrenhausgarage auf dem Lande. Sie träumen davon, einen Boliden zu finden, den man während der Kriegs- und Nachkriegswirren vergaß. Auf den niemand Besitzansprüche erhebt. Oder den man bei seiner Entdeckung mit dem Kommentar abtut: „Nehmen Sie ihn bloß mit – für so etwas interessiert sich in unserer Familie niemand…"
Es gab und gibt durchaus solche Okkasionen. Manche Fälle sind noch gar nicht so lange her. In den sechziger Jahren kamen sie noch öfters vor, wurden dann aber selten. Einige Funde erwiesen sich später sogar als hochbezahlte Raritäten. In den fünfziger Jahren gar mußte man nicht sehr weit reisen, wollte man einen interessanten Vorkriegswagen erwerben. Damals hatten viele Mitmenschen indessen ganz andere Sorgen, als sich um automobilhistorische Besonderheiten zu kümmern. Etwa um den Maybach Zwölfzylinder des Zirkus-Krone-Chefs, ein Auto, das seit 1939 ohne Räder in einem Hühnerstall auf bessere Zeiten hoffte und letztlich in so arg lädiertem Zustand wiederentdeckt wurde, daß nicht nur einem Maybach-Fan das Herz blutete. Dennoch: Gefragter war damals vielleicht ein Opel Olympia oder ein Ford Eifel, der es noch ein, zwei Jahre tat, wenn es gar nicht anders ging. Einen DKW Zweizylinder bezeichnete man als „Studentenwagen". Die Anschaffung eines nagelneuen Maico oder gar Volkswagens lag vielen näher als das Aufmöbeln einer skurrilen Antiquität auf schlecht bereiften Rädern.

Fiat 1100 Spezial 1948, Bugatti Typ 40 1928, Cord L-29 1929: Asche zu Asche, Staub zu Staub.

Im Vordergrund zwei Bugatti Typ 57 und – ganz rechts – ein Cord 812 von 1934.

Suche nach dem Botschafter-Horch

So manche Reise eines Oldtimer-Schatzsuchers blieb allerdings erfolglos: Berliner Veteranen-Liebhaber wollten vernommen haben, daß in der Tiefgarage eines im Krieg zerbombten Hotels am Kurfürstendamm – noch in den frühen siebziger Jahren eine wenig repräsentative Ruine im Westberliner Renommierviertel – ein gigantischer Mercedes schlummern sollte. Unter Lebensgefahr begaben sich drei beherzte Männer eines Nachts auf das Trümmergrundstück, fanden auch einen leidlich passierbaren Zugang zum Keller, wühlten sich Stunde um Stunde durch Schutt und Staub. Das einzige, was sie in den halb zusammengebrochenen Kellergewölben des Hotelbaus fanden, waren guterhaltene Küchengeräte – kein Auto. Ebenso enttäuschend verlief eine Suchaktion in der ehemaligen Botschaft des kaiserlichen China. Auch dieses im Krieg stark beschädigte Gebäude im heutigen West-Berlin harrte jahrelang des Abbruchs oder Wiederaufbaus, weil die Besitzansprüche unklar waren. Unklar war aber auch, ob der Botschafter-Horch rechtzeitig vor dem Zusammenbruch aus der Diplomatengarage geholt worden war.
Die Geheimexpedition erwartungsfroher Oldtimer-Fans, die einen solchen Wagen aufzuspüren im Sinne hatte, brachte jedoch nur negative Ergebnisse. Seine Exzellenz der Botschafter oder einer seiner ihm unterstellten Söhne des Chinesischen Reiches müssen den Achtzylinder wohl rechtzeitig in Sicherheit gebracht haben. Oder andere Schatzsucher waren früher aufgestanden...

Geplünderte Autos in verlassenen Hütten

Heute sieht die Szene etwas anders aus. In Trümmergrundstücken sucht niemand mehr nach verschütteten Oldtimern; Nachforschungen dieser Art führen abenteuerbegierige Autofreaks in andere Gefilde. Einige Trümmererlebnisse habe ich selbst erfahren, in Griechenland und in Nordafrika. Bei einem Besuch auf der kurz zuvor von einem heftigen Erdbeben – das ist schon etliche Jahre her – stark heimgesuchten Insel Zakynthos fand ich in einem halb zusammengestürzten Schuppen einen amerikanischen Marquette – wohl eines der wenigen Autos, die es überhaupt auf der (tankstellenlosen) Insel gegeben hatte. Kein Mensch interessierte sich für die Limousine Baujahr 1929. Ich ebenfalls – noch – nicht. Und in Marokko habe ich halb geplünderte Autos in verlassenen, vergessenen Hütten ausfindig gemacht, Wagen der frühen Nachkriegszeit, die inzwischen sämtlich zu begehrten Liebhaberstücken avanciert sind: Hotchkiss, Citroën 15 CV, Renault Frégate. Natürlich hat sich 1970 höchstens ein Alteisenhändler ihrer angenommen, kein Oldtimer-Enthusiast. Handelte es sich um ältere und daher wertvollere Objekte, blieben die Automobilspäher auch im Jahre 1970 schon weniger gleichgültig. Es spricht sich der Fund eines Bugatti, Packard oder Napier auch schneller herum als die im Vorüberfahren gemachte Wahrnehmung eines rostigen Peugeot 403 oder Opel Rekord. Vage Gerüchte genügen mitunter schon, um engagierte Oldtimer-Enthusiasten auf beschwerliche Expeditionen zu schicken. Da jetten clevere Londoner Dealer nach Kalkutta, um der Spur nachzugehen, die angeblich zu einem Rolls-Royce Silver Ghost Baujahr 1912 führen soll – aus dem ehemaligen Privatbesitz des Dschungelpoeten Rudyard Kipling. Da setzen sich Amerikaner mit Wall-Street-Erziehung in Bewegung, um am Oberlauf des Nils einen Studebaker President zu retten, der vor einem halben Jahrhundert dort hängengeblieben sein

soll. Manager angesehener Auktionshäuser bemühen sich für eine betuchte Klientel um einen Marmon Sechzehnzylinder in Paraguay, um einen Isotta Fraschini auf Malta, um einen Mercedes Kompressor-Achtzylinder in Nordfinnland, wo ihn angeblich deutsche Generäle dereinst abstellten.
Das Bemerkenswerte daran ist, daß viele Kolportagen solchen Inhalts einen wahren Kern haben. Der Kipling-Rolls-Royce kam tatsächlich zum Vorschein, ging sogar in die Hände eines deutschen Käufers über; ein Achtzylinder Horch Baujahr 1938, einst Botschaftswagen in Kabul, wurde von dem geschäftstüchtigen Sohn eines amerikanischen Verlegers aus Afghanistan via UdSSR und Schweden in den Westen geschafft; den Studebaker President mußte ein gutbezahltes Team von Geographiestudenten aus dem Urwald holen – zerlegt in tausend Teile, weil die Stelle seiner langjährigen Zwangsrast für keinen Autotransporter mehr passierbar war. Ein wohlhabender Missionar war mit diesem wenig geeigneten Parade-Tourer 1930 in unwegsamer Gegend steckengeblieben, hatte das Fahrzeug einfach stehenlassen. Vielleicht war ihm auch nur der Sprit ausgegangen.
Systematisch wurden seither Hinterhöfe und Vorstadtremisen, alte Werkstattgaragen und Tankstellen-Nebengebäude in der Provinz durchforstet, in Spanien wie in Frankreich, in der Tschechoslowakei wie auf dänischen Inseln. Mit viel Spürsinn behaftete Oldtimer-Fans entdeckten auf diese Weise vor wenigen Jahren in der Nähe Athens einen Schuppen mit gleich drei Bugatti-Sportwagen aus den zwanziger Jahren sowie einen uralten Chevrolet, der pikanterweise ein Kennzeichen aus Venezuela mit der Nummer 007 trug. Der einzige, seit Jahrzehnten nicht mehr benutzte Feuerwehrwagen einer winzigen Gemeinde in Nordportugal entpuppte sich als ein 1929er Mercedes vom Typ Nürburg, und Glück hatte auch ein käfersüchtiger junger Mann aus Garmisch, der vor gar nicht langer Zeit ganz in der Nähe seiner Heimatstadt unter dem Stroh eines alten Bauernstadels einen veritablen Volkswagen anno 1939 fand, den jemand dort bei Ausbruch des Krieges heimlich abgestellt hatte.

Beständigkeit trägt Früchte

Der Witz solcher Funde liegt aber nicht allein in der Tatsache, daß sie – wenn auch immer seltener – noch immer möglich zu sein scheinen, sondern vielmehr in dem Umstand, daß die Besitzer oder Verfügungsberechtigten den materiellen wie ideellen Wert dieser Oldtimer nicht kennen, vielleicht sich auch nicht dafür interessieren. Ein Oldtimerprofi aus Südengland buhlte mehr als zehn Jahre um den Nachlaß eines schrulligen Autosammlers, auf dessen Gartengrundstück an die zwanzig seltene Sportwagen alter Zeit unter Brennesseln und wilden Farnen vergammelten. Die Witwe weigerte sich beharrlich, auch nur ein einziges Fahrzeug herzugeben, wobei selbst beachtliche Gebote ihr nicht imponierten. Die Beständigkeit des Kaufinteressenten, dem es weniger auf die zu investierende Summe ankam als auf den Gag, die überwucherte Kollektion eines Tages einer staunenden Kollegenschaft zu präsentieren, trug ihre Früchte – der Gentleman erhielt eines Tages den ganzen „Plunder“ geschenkt. Nicht auf einen Wahnsinnigen hatte die alte Dame gewartet, der ihr für den Gartenschrott einen Überpreis bot, sondern sie hatte nur selbst die Entscheidung treffen wollen, zu welchem Zeitpunkt sie die Autos herzugeben bereit war.

Der 1934er Cord hat seine Schlafaugen für immer geschlossen. Auf eine der Frontscheiben fiel vor Jahren ein Ziegelstein von der Decke, zertrümmerte das Glas. Er liegt noch heute dort.

Der Bugatti Typ 44 war ebenso klassisch, so reinrassig wie alle anderen Bugattis. Das Coupé erlaubte eine Dauergeschwindigkeit von 140 km/h.

Überhaupt führen Drängen und Bohren in solchen Fällen mehr vom Ziel weg als zu ihm heran. Der schwedische Autosammler Alan Söderström erhielt in seinem 92jährigen Leben mehr antike Automobile geschenkt, als er je in seiner kleinen Museumsgarage unterbringen konnte. Aber er hat auch nie mit Höchstgeboten Besitzer besonderer Raritäten bedrängt. Wenn der Zeitpunkt gekommen war, führte ihn sein Gespür stets in die Nähe seiner „Opfer": Zufall oder nicht, Söderström war zur Stelle, wenn ein Bugatti oder Bentley, Delage oder BMW „für 'n Appel und 'n Ei" zu haben war.

Die „Entführung"

Ertragreich waren einst osteuropäische Länder. Aus der Tschechoslowakei, aus Ungarn und aus Polen kamen Veteranen herüber, die für viel Geld neue Besitzer fanden. Nicht alle Fahrzeuge wurden auf legalem Wege in den Westen gebracht – was aber eine andere Geschichte ist. Ein Husarenstück war die „Entführung" eines Mercedes-Benz 540 K Roadster aus Moskau, ein Wagen, der angeblich Stalin gehört haben soll (was sich später als höchst unwahrscheinlich herausstellte). Ein Oldtimer-Fanatiker in der Sowjetunion hat nach Zeugenberichten an die fünfzig alte Autos zusammengeholt – das will für osteuropäische Verhältnisse etwas heißen! Jetzt kommen aber auch aus dem Osten keine Kostbarkeiten mehr herüber. Zum einen findet man kaum noch einen bislang unentdeckt gebliebenen Kompressor-Mercedes oder Russo-Baltique zwischen Leningrad und Odessa, auch nicht zwischen Danzig und Budapest, und zum anderen ist die legale und illegale Ausfuhr heute schwerer geworden denn je – wenn nicht unmöglich. In den achtziger Jahren sind die Chancen auch diesseits der Elbe wirklich nicht mehr sehr groß, einen immer noch vergessenen Boliden aus der „Goldenen Zeit" zu finden. Sicher, jetzt sind es die Raritäten der späteren Epoche, die Mercedes 220 SE Coupés oder Facel Vega, die Borgward Hansa 2400 Pullman oder Katzenbuckel-Volvo, die Tatra 603 oder Alfa Romeo 2500 Sechszylinder, die es ausfindig zu machen gilt – wie kann man aber solche Automobile mit „echten" Veteranen der klassischen Ära vergleichen? Die sind alle längst in fester Hand. Auch das vertrauliche Gespräch im Dorfkrug – mag man sie je nach geographischer Zugehörigkeit Pub, Bistro oder Jausenstation nennen – bringt da nichts mehr. Wer noch ein ganz altes Auto hat? Achselzucken. Ja, vor zwanzig Jahren hatte ein Nachbar noch einen Stoewer, mit Holzgasanlage, weil es doch nach fünfundvierzig kein Benzin gab. Oder war es ein Brennabor? Vielleicht auch „nur" ein Opel. Das Ding ist aber längst zum Alteisen gewandert. Fotos? Mann, wer hat denn damals den Gedanken gehabt, sein Auto zu fotografieren! So ein häßliches Monstrum aus ehemaligen Wehrmachtsbeständen mit dem Gasofen drauf! Nein, ein Foto hat wohl sicher niemand von dem Auto. Wozu wohl auch.

Das letzte Oldtimer-Paradies

Kommt tatsächlich ein Oldtimer auf diese Art zum Vorschein, spricht sich das in der einschlägigen Branche wie ein Lauffeuer herum. Manchmal wird die Nachricht wie eine Sensation gehandelt, je nach Alter und Seltenheitswert des Fundobjekts. Die Kommentare reichen dann von einem anerkennenden „Na, Glück gehabt" vermutlich etwas neidischer Clubkameraden bis zum doppelseitigen Feature in der Oldtimer-Fachpresse. Unvergleichlich stärker war die Resonanz aber auf die Entdeckung, die der Münchner Fotograf Herbert W. Hesselmann

gemacht hatte. Seine weltweit veröffentlichte Reportage unter der Headline „Sleeping Beauties" war bis dato ohne Beispiel. Hesselmann hatte vermutlich das letzte Oldtimer-Paradies Europas ausfindig gemacht. Automobil-Perfektionisten sprachen angesichts der Fotos, die in einer Reihe großer Zeitschriften erschienen, von einer „Grünen Hölle", gaben ihrer Empörung Ausdruck, warum man es habe so weit kommen lassen: Millionenwerte, von Moos und Schimmel, fingerdickem Staub und Hühnerdreck überzogen...
Fünfzig automobile Antiquitäten der Spitzenklasse zählten aufmerksame Bildbetrachter. Bei zwei oder auch fünf vergessenen Bugatti, Lincoln oder Lancia Aurelia hätte es vielleicht auch nur zu den Na-Glück-gehabt-Bemerkungen seitens angesprochener Insider gereicht. Aber fünfzig Einmaligkeiten, alle auf einem Fleck, jahrzehntelang von der Nachbarschaft nicht einmal geortet – gibt es denn das überhaupt?
Daß das kein Märchen war, mußten Bildredakteure in Hamburg und Mailand, New York und Paris, Tokio und London zur Kenntnis nehmen, als Hesselmann ihnen seine Dias zeigte. Ihnen allen blieben zunächst Sprache und Spucke weg. So etwas hatten sie noch nicht gesehen. „Ich zuvor auch nicht", war die stereotype Antwort des Münchner Fotomannes, der selbst genug passionierter Oldtimer-Enthusiast ist (und einige interessante Fahrzeuge sein eigen nennt), um zu wissen, wie man ein Automobil ablichtet. Und der auch ermessen konnte, welche Stürme er mit der Veröffentlichung seiner Bilder auslösen würde – Stürme des Entzückens bei lichtbildnerisch Begeisterungsfähigen, Stürme des Zorns bei jenen, die Spinnenweben am Kühler eines Bugatti als körperlichen Schmerz registrieren. Und von diesen empfindsamen Seelen gibt es eine ganze Menge.
Der Besitzer der fünfzig Dornröschen-Autos ist Franzose und lebt in einem kleinen Dorf abseits der großen Nationalstraßen, etwa 150 Kilometer von Paris entfernt. Er denkt nicht daran, sich von seinen Wagen zu trennen. Geld ist für ihn ohnedies kein Thema – viel lieber spricht er vom Wein und von guten Büchern. Aber auch Autos haben für Pierre erstaunlicherweise nicht jene zentrale Bedeutung. Wenn die Rede auf seine einmalige Kollektion kommt, verliert sich seine ohnehin karge Gesprächigkeit. Aber da niemand in der unmittelbaren Nähe seines Anwesens eine Ahnung hat, was sich hinter den hohen Mauern des baufälligen Gutshofes seit langen Jahren verbirgt, wird er so gut wie nie auf dieses Thema angesprochen. Gewiß, früher bekamen es die Nachbarn schon einmal mit, wenn wieder einmal ein ungewöhnlicher Wagen die Einfahrt passierte. Daß sämtliche Fahrzeuge den Hof aber nie wieder verließen, fiel niemandem auf. Warum hätte man sich darum auch kümmern sollen? Franzosen machen es nicht zum Inhalt ihrer Gespräche, wer mit welchem Klapperkasten durch die Gegend fährt. Und da die meisten Veteranen erst abends durch das Hoftor rollten, bemerkte man es nur sehr selten, daß es stets andere Autos waren, die Pierre heimbrachte: Denn im Finstern sitzen gute Franzosen lieber beim Roten in der Kneipe. Und der Austausch von Höflichkeits- oder anderen Besuchen ergibt sich beim Eigenbrötler Pierre eigentlich nie. Man läßt ihn zufrieden, wie er

Erret Lobban Cord schuf mit dem frontgetriebenen Reihenachtzylinder L-29 1929 einen Meilenstein der Automobilgeschichte. Der Motor kam von Lycoming, daher das L; die 29 bezieht sich auf das Modelljahr.

1929 hielt sich der amerikanische Autobarock in maßvollen Grenzen. Am Steuer des Cord L-29 saßen sportlich ambitionierte Gentlemen…

die anderen leben läßt. Man grüßt einander, aber drängt sich nicht auf. Warum sollte es verdächtig sein, allein auf einem verkommenen Gutshof zu leben? Wen geht das etwas an? Selbst wenn man wüßte, daß im Gartendschungel, in den Ställen und Schuppen etliche alte Autos verrosten und verstauben, würde es im Dorf keine Seele interessieren.
Wünschelrutengänger der Oldtimer-Zunft hatten es allerdings schon einmal mitbekommen, daß sich irgendwo im Umkreis dieses verschlafenen Fleckens Automobil-Raritäten befinden sollten. Aber Genaues wußte niemand. Alle Fragen blieben unbeantwortet, die Spione zogen unverrichteter Dinge wieder ab. Der letzte Wagen kam vor etwa sechs, sieben Jahren herein. So genau läßt sich das nicht mehr feststellen. Ist auch nicht so wichtig, sagt Pierre und bringt eine neue Flasche. Dreimal machte Hesselmann ihm seine Aufwartung, ehe er die Erlaubnis bekam, sich mit der Kamera durch den unglaublichen Autodschungel hindurchzuarbeiten. Dreimal mußte er sorgsam vermeiden, von seinem Lieblingsthema zu sprechen. Sich stundenlang auf die Zunge beißen. Natürlich wußte sein Gastgeber ganz genau, worauf es der junge Mann aus Deutschland abgesehen hatte. Daß er ihn nicht gleich beim ersten Anlauf vom Hof warf, durfte Hesselmann als ein gutes Omen werten. Jetzt konnten ihn nur noch Beharrlichkeit und diplomatisches Geschick ans Ziel bringen.

Bei seinem zweiten Besuch, etwa vier Wochen nach der Antrittsvisite, ließ Hesselmann vorsorglich die Kameraausrüstung im Wagen – was sichtliches Wohlwollen bei Monsieur Pierre auslöste. Das Thema Auto wurde auch jetzt gemieden. Nur ein weiterer Besuchstermin vereinbart – um erneut über Weinbau zu plaudern. Hesselmann besorgte sich einschlägige Fachliteratur, lernte fleißig sein Vokabular. Und hoffte auf seine Chance.

Fast ein Dutzend Bugattis...

Den Zutritt zu dem „Museum" gestattete der Hausherr seinem Gast nur unter der Auflage strengster Geheimhaltung seines Namens und der Lokalität. Die Bekanntschaft hatte ein gemeinsamer Freund vermittelt – einer der wenigen, die das Vertrauen des sonderbaren Pierre genießen. Hesselmann, noch unvertraut mit mehr oder weniger bevorzugten Gesprächsthemen seines Gastgebers, war bei seinem ersten Besuch extra mit einem Mercedes 300 SL angereist gekommen, um so den Virus einer sicher doch gemeinsamen Begeisterung schneller überspringen zu lassen – und mußte zu seiner grenzenlosen Verwunderung feststellen, daß Monsieur sich nicht im Geringsten für das Superauto Baujahr 1960 interessierte.
Eben für gar kein Auto. Das war die zweite große Überraschung, die Hesselmann hier erlebte. Ein Mann, der fast ein Dutzend Bugattis besaß, der einst jedem Zwölfzylinder Lincoln oder Alfa Spider nachhetzte, um ihn seiner Kollektion einzuverleiben, der einen jener vier Cord L-29 im Schuppen hat, die in Europa existieren – und der will von klassischen Autos nichts wissen? Hesselmann nahm es zur Kenntnis, ging auf die Spielregeln seines Gastgebers ein. Und als jener merkte, daß Hesselmann tatsächlich ein Rhône- von einem Loire-Gewächs zu unterscheiden vermochte (Zufall hin, Zufall

her), gab er nach einer verdammt langen Kunstpause endlich das erlösende Zeichen: Nun holen Sie schon Ihre Kamera, mein Freund. Aber bitte bringen Sie mich nicht ins Bild. Und nehmen Sie das Grundstück nicht von außen auf.
Der Weg war frei. Herbert W. Hesselmann sprintete zu seinem Wagen, griff die längst schußbereiten Apparate. Und das Herzklopfen sollte erst richtig beginnen.
Jedes der Wracks, die hier seit durchschnittlich drei Jahrzehnten schlummern, hat seine eigene – meist traurige – Geschichte, und die Summe dieser Geschichten hat sich zu einem dicken Knäuel vermutlich unbewältigter Syndrome verschlungen.
Denn Pierre war durchaus einmal ein großer Autonarr, hatte ernsthaft die Absicht gehabt, jeden einzelnen Wagen eigenhändig zu restaurieren. Kein einziger Wagen wurde hereingeschleppt, sie alle fuhren – wenn vielleicht auch mit der letzten Kraft ihrer müden Mechanismen – auf eigener Achse in Hof und Garten. Mit jedem Fahrzeug verbinden Pierre Erinnerungen, sogar Abenteuer. Aber er spricht nicht darüber. Auch nach der dritten Flasche seiner edlen Rebensäfte nicht. Er gibt nur Andeutungen von sich, knappe Monologe, die auch Hesselmann kaum versteht. Sein Freund und Vermittler Guido muß speichern und memorieren, was Pierre gesagt, besser: nur angedeutet hat. Autos sind für Pierre, wie gesagt, schon lange kein Thema mehr, über das sich zu erzählen lohnt. Jede Frage wird mit angedeutetem Mißfallen quittiert, vielleicht auch schon gar nicht mehr zur Kenntnis genommen.

Ob es prominente Vorbesitzer gab, ob der Alfa dahinten einst ein berühmter Rennwagen war – Achselzucken. Selbst wenn Pierre es wüßte, will er es nicht sagen. Er macht erst wieder ein weniger mürrisches Gesicht, als seine Besucher mit der Fragerei aufhören und sich mit dem Fotogerät in die Stallungen begeben, um das letzte Tageslicht zu nutzen.

Pathologische Sammelwut?

Warum sammelt jemand alte Autos – mehr, als er eigentlich je unterbringen, warten, fahren, sich leisten kann? Eine Frage, auf die rationale oder auch rationalisierte Antworten nicht zu überzeugen vermögen. Ausnahme: Spekulationsabsichten.
Das mag noch glaubhaft klingen. So mancher Veteran ließ sich zum doppelten oder gar dreifachen Einstandspreis losschlagen, hatte man nur genügend Zeit – und das richtige Modell in der Garage. Aber Nostalgie? Erinnerungen an frühere Zeiten, an Vaters Wagen, Sehnsucht nach der verlorenen Jugendzeit, mit der sich bestimmte Marken und Modelle verknüpfen? Technisch-historisches Interesse? Zwei oder drei Boliden würden all diesen Beweggründen ausreichend gerecht werden. Aber da gibt es die große Sammel-Leidenschaft oder auch -Wut, die Sucht nach mehr und allem – wie sie die Brüder Schlumpf hatten, die im Elsaß Europas wertvollste Oldtimer-Sammlung zusammentrugen, natürlich ebenfalls klammheimlich. Ihre Sammelwut hätte jeder Psychologe als pathologisch bezeichnet, und die skandalösen Umstände, unter denen die Geschichte ans Tageslicht kam, brachte eine ganze – durchaus auch seriöse – Zunft von Autoliebhabern in Mißkredit.
Es gab und gibt noch weitere Schlümpfe mit mehr oder weniger umfangreichen Autosammlungen, und sie könnten auch Alte Meister, russisches Silber oder böhmisches Glas horten – Ursachen, Symptome

1934 erschien der Bugatti Typ 57. Das Ventoux-Coupé war einer der schönsten und elegantesten Wagen aus Molsheim. Unter Staub, Rost und Beulen versucht dieses Exemplar seine Identität zu verbergen …

und Verhaltensweisen wären vermutlich stets gleich. Hans und Fritz Schlumpf indessen mieden das Thema Auto auch dann nicht, als der Staat ihr umstrittenes, 450 Veteranen umfassendes Geheimmuseum kassierte (angeblich, weil sie ihre Kollektion durch einen betrügerischen Bankrott ihres Textilkonzerns finanziert hatten), doch unser Freund Pierre muß wohl andere Gründe haben, warum er schweigt. Er möchte das Geheimnis nicht preisgeben, warum Autogespräche – besonders, wenn sie seine eigenen Fahrzeuge betreffen – für ihn tabu sind. Aber könnte es ihm dann nicht auch egal sein, wenn andere Kenntnis von seinem hochkarätigen Friedhof hätten? Doch auch die Frage nach dem Grund der Abschirmung läßt er offen. Vielleicht will er die Publicity nicht, in die er unweigerlich hineingezogen würde, wüßte alle Welt um ihn und seine Kostbarkeiten. Und verkaufen – nein, das käme niemals in Frage.

Das Geheimnis

Man muß kein Oldtimer-Freak sein, um Hesselmanns Fotografien einen ganz besonderen Reiz abzugewinnen. Die journalistische Sensation der gesamten Unternehmung tritt schnell in den Hintergrund, wenn man sich an das Studium der einzelnen Aufnahmen macht. Denn in diesen eindrucksvollen Bildern steckt mehr als nur die Aussage, die uns verrät, daß hier Millionenwerte verrosten und veröden. Hier kommt ein Stück Philosophie zum Ausdruck, vom Motiv her wie von der Art, wie Hesselmann sich an die Arbeit machte – was jede einzelne Aufnahme auch erkennbar werden läßt. Nicht die geringste Spur hinterließ er bei der stundenlangen Kletterei an den Fahrzeugen – er beließ sie sozusagen in ihrem Schlaf, und es versteht sich fast von selbst, daß er und sein Assistent sich nur flüsternd unterhielten, jeden unangemessenen Laut vermieden. Lärm machten nur aufgeschreckte Hennen, die aus versteckten Nestern flohen. Es war keine Kleinigkeit, die Atmosphäre dieses Anwesens einzufangen, ohne sie zu verletzen. Galt es doch zunächst einmal, die eigene Fassungslosigkeit zu bewältigen, das Unglaubliche zu verkraften, das sich hier darbot. Und mit der Nichtbeantwortung all der brennenden Fragen fertigzuwerden, die einem Autoliebhaber auf der Zunge liegen, wenn er solcher Raritäten ansichtig wird. Und dann möchte man mit Freunden und Bekannten seine Eindrücke diskutieren, das Erlebte weitergeben – und darf es nicht! Hesselmann hätte sich der Chance begeben, zu weiteren Fototerminen wiederkommen zu können. Eine Bitte, die ihm gewährt wurde, wenn er sich an sein Versprechen hielt. Fast wie im Märchen. Dennoch gab es Ärger. Denn eine der großen amerikanischen Zeitschriften, die Hesselmanns Reportage veröffentlichte, begann auf eigene Faust zu recherchieren und wollte partout den Namen des Sammlers und seine Adresse herausbekommen. Die Amerikaner leisteten gute Arbeit, setzten Leute aus der Szene an, die sich schon fast an die Peripherie des Zaubergartens herangetastet hatten. Hesselmann wurde gebeten, ein paar Fotos zu verifizieren, die eine Auswahl in Frage kommender Anwesen zeigten. Um ein Haar wäre Pierres Domizil entdeckt worden, ohne daß Hesselmann daran Schuld gehabt hätte. In buchstäblich letzter Sekunde vermochte er die Redaktion von ihrem Vorhaben abzubringen, den Ort des Geheimnisses zu nennen. Aber Pierre hatte offensichtlich dennoch davon erfahren. Hesselmann hatte bei seinem letzten Besuch keinen leichten Stand, ihm klarzumachen, daß nicht er es gewesen war, der geplaudert hatte. Hätte er schon die Angabe, Pierre lebe etwa 150 Kilometer von Paris entfernt (was im übrigen auch nicht ganz der Wahrheit entsprach), gegenüber seinen Pressekollegen vermeiden sollen? Immerhin hatte das genügt, um einen begabten Rechercheur zu mobilisieren – einen Mann mit Instinkt offenbar. Nun, das Geheimnis blieb eines und das – vermutlich – bis auf den heutigen Tag. Die Fotos mit den sieben verschiedenen Bauernhöfen, hinter deren Mauern man zumindest bei einem das automobile Schlaraffenland vermutete, müssen hohe Spesen verursacht haben. Jetzt liegen sie in einem New Yorker Zeitschriften-Archiv unter „Frankreich: Sonstiges“.

Das Auto-Mausoleum

Herbert W. Hesselmanns professionell geschultes Gespür für eindringliche Motive sowie seine Geduld und Ausdauer kamen ihm beim Fotografieren der „Schlafenden Schönheiten“ zugute. Kein gut eingerichtetes Studio mit allen technischen Hilfsmitteln stand ihm hier zur Verfügung, nichts ließ sich tricksen oder manipulieren. Das faszinierende Panorama morbider Ästhetik ließ sich nur durch fototechnische Perfektion einfangen, belebt durch das Spiel einiger Sonnenstrahlen oder das diffuse Licht, das blinde Stallfenster ins Innere des Auto-Mausoleums hereinließen. Vergleiche mit den Ruinen antiker Tempelbauten bieten sich beim Anblick der Motive an. Die Faszination einer jahrtausendealten Statue oder eines vergoldeten Kuppeldaches liegt schließlich auch nicht in deren materiellem Wert, sondern in dem Gefühl der Zeitlosigkeit, das sie dem Betrachter vermittelt. Wie ein Stück Architektur, ist auch das Auto Ausdruck und Zeugnis menschlicher Schaffenskraft – Götze einer Kulturepoche. Seine Evolution macht einen Teil der technischen Entwicklung in unserem Jahrhundert deutlich. Längst haben die Ahnen unserer heutigen Wegwerf-Automobile Museumsstatus erlangt.

Symbiose von Natur und Technik

Erstaunlich ist nur, wie schnell die Natur von ihren Rohstoffen wieder Besitz ergreift, gibt man ihr hierzu nur genügend Gelegenheit – wie etwa in Pierres Garten. In diesem „Museum“ wird die Symbiose von Natur und Technik, von Technik und Natur besonders deutlich. Könnte man einen Jaguar E-Type noch als Automobil identifizieren, hätte er das Alter eines Inkatempels erreicht? Würde ein Auto es überhaupt je errreichen – abgestellt in freier Natur?

Noch vergänglicher als seine Materie ist der Stellenwert des Autos als ein Produkt in unserem schnellebigen Industrie- und Konsum-Zeitalter. Mag es als Museumsstück – sofern als Meilenstein der Motorisierung anerkannt – noch nach Jahrzehnten eine Chance haben, bewundert zu werden, so verändern sich technische oder stilistische Errungenschaften jedweder Automobilepoche fast im Handumdrehen zur Fragwürdigkeit, legt man die Maßstäbe des sogenannten Fortschritts an. Dazu verleitet, nur das Allerneueste zu akzeptieren und das Gute von gestern möglichst rasch zu vergessen (nur wenige können sich den Luxus erlauben, Nostalgiker zu sein), haben wir für den Barock eines Buick von 1953 allenfalls ein müdes Lächeln, für den Kühlergrill eines 1947er

Ein weltbekanntes Markenzeichen: Bugatti. Das stilisierte EB (für dessen korrekte Wiedergabe sich engagierte Markenfans ihre Schreibmaschine umrüsten lassen) steht für Ettore Bugatti.

Dieser Motor kann seine Abstammung vom reinrassigen Rennwagen nicht verleugnen. Der Reihenachtzylinder hat eine obenliegende Nockenwelle, seine Kurbelwelle ist neunfach gelagert. Jeder Zylinder weist drei Ventile auf.

Lincoln ein paar abfällige Bemerkungen übrig. Panhards Versuche, mit luftgekühlten Boxermotoren Furore zu machen, oder Gordon Buehrigs Idee, schon 1936 dem Cord „Schlafaugen“ zu geben, werten wir als Behelfe ab, weit davon entfernt, uns zu imponieren. Was bedeutet es, wenn ein Bugatti schon 1934 weit über 100 PS hatte, über 160 Stundenkilometer schnell war oder eine automatisch betätigte Kühlerjalousie aufwies? Wem sagt es etwas, daß erst 1926/27 Bremsen an den Vorderrädern zur Selbstverständlichkeit wurden, daß erst um 1950 schlauchlose Reifen aufkamen oder vollsynchronisierte Getriebe? Heute zählen Allradantrieb, Antiblockiersysteme und feinregulierbare Quadrophonieanlagen zum Hochstand der technischen Entwicklung. Da sind schon Diagonalreifen oder Trommelbremsen – ja, gibt es die denn überhaupt noch? – Begriffe aus einer Welt von gestern. Nachdenklich wird der dem Schnellkonsum preisgegebene Automobilbenutzer erst, wenn er sich alleingelassen sieht etwa in Konfrontation mit Vergangenem, wie sie der friedhofsstille Garten, die sommerlich staubig-stickigen Ställe und Schuppen Pierres vermitteln. Dann bekommt der Kühler eines Lincoln Continental Bedeutung, und nicht nur eine symbolische. Dann entdeckt man Linien, Formen, Ideen. Vielleicht läßt der unbeschreibliche Schmutz oder der moosige Überzug, der kaum dem Rost noch eine Chance zur Verbreitung gibt, Dinge deutlich werden, akzentuierter erscheinen, als wenn auf Hochglanz polierter Lack oder chromblitzende Blankteile die Aufmerksamkeit auf sich lenken. Ablenken von Wesentlichkeiten. Im Schrottzustand reduziert sich die Formalästhetik eines Autos auf elementare Formen, Flächen, Linien, Punkte – die Wahrheit kommt an den Tag, buchstäblich. Die Ehrlichkeit oder das Unvermögen bekannter oder unbekannter Designer früherer Zeiten offenbart sich an den glanzlosen Autos, die die Kamera unbarmherzig ablichtet. Und siehe da: Es sind Autos dabei, die man trotz dicker Staubschichten, Rostblätter oder Pilzwucherungen noch als formal gelungen erkennt. Schönheit im Sinne von Ehrlichkeit und Funktionalität wird auch im korrodierten Zustand nicht häßlich oder dilettantisch. Groteskes aber wird noch grotesker, Albernes noch alberner. Ein Ferrari, ein Lotus, so mancher Bugatti nimmt es noch als grünspaniges Wrack gegen die Konkurrenz auf.

Das Phänomen Bugatti

Apropos Bugatti. Was macht die Faszination dieser Marke aus, die es seit 1956 nicht mehr gibt? Achtzylindrige Klassiker in vornehm-geringer Stückzahl brachte die Automobilgeschichte schließlich mehr als nur einmal hervor. Die Ausstrahlung des Phänomens Bugatti indessen bündelt sich in mehreren Brennpunkten. Einmal war diese Marke die erfolgreichste im Motorsport zwischen 1925 und 1930 – etliche tausend Siege wurden auf den blauen Rennern aus Molsheim errungen, im Grand Prix, in Tourenwagen-Wettbewerben, in Rallyes und Bergrennen. Dabei war ein Bugatti nicht nur ein Rennwagen: Jedermann konnte sich einen 35 B aus dem Schaufenster kaufen. Ob man das Auto benutzte, um sonntags auf den Golfplatz zu fahren, oder es nach Montlhéry steuerte, um an einem Rundstreckenrennen teilzunehmen, war Sache der persönlichen Ambition. Averil Scott-Moncrieff, britische Ex-Sportwagen-championeuse auf Lotus, pflegte noch 1974 tagtäglich früh genug mit ihrem Bugatti Roadster ins Geschäft zu donnern, um vor der Dämmerung wieder die Heimfahrt antreten zu können: Ihr Grand-Prix-Renner entbehrte nämlich jeglicher Beleuchtungseinrichtungen. In England tolerierten das die Behörden damals durchaus. Nur einmal bat sie mich anläßlich eines Besuches, den ich der Familie Scott-Moncrieff abstattete, ihre Einkaufstüte in meinem Wagen mit heimzutransportieren. Nicht nur, weil sie das enge Cockpit ihres bretthart gefederten Wagens mit einem Sortiment größerer Werkzeuge teilte (wer erwartet in einem Bugatti schon das Vorhandensein eines „Kofferraums"?), sondern weil jene Einkaufstüte unter anderem zwei Dutzend frische Eier enthielt. Ich bin sicher: nicht eins wäre heil daheim in Batsford Hall angekommen...

Mitgeprägt hat das Phänomen Bugatti auch die Architektur dieses Automobils. Von einem Design sprach man damals noch nicht, viel weniger etwa von einem Styling.

Die Architektur des Bugatti bestand in der Hauptsache aus wenigen, aber konsequent angewendeten Stilelementen. Da war einmal der hufeisenförmige Kühler, Wahrzeichen aller Bugatti seit Mitte der zwanziger Jahre (davor war die Form des Kühlers mehr birnenförmig). Man sagt, der Firmenchef Ettore Bugatti habe sich für die Hufeisenform entschieden, weil er ein Pferdenarr war – eine überzeugende Erklärung. Wäre der „Patron" ein Liebhaber antiker Tempel gewesen, hätte er wohl nicht gezögert, seinen Autos eine Art Rolls-Royce-Kühler zu verpassen – ohne Rücksicht darauf, ob das der britischen Konkurrenz gefallen hätte oder nicht. Ettore kümmerte sich wenig um das, was andere taten oder dachten – er ging mit Geradlinigkeit und ohne Kompromisse seine von ihm selbst vorgezeichneten Wege.

Die starre, zur Aufnahme der Blattfedern mit rechteckigen Durchführungen versehene Vorderachse behielt er bei, als andere längst zur vorderen Einzelradaufhängung gefunden hatten, und ebenso beständig blieb er bei der mechanischen Bremse – er mißtraute der Hydraulik gewaltig. Aber sowohl jene leicht geschwungene Vorderachse als auch Art und Form der Bremsen zählten zu den architektonischen unverwechselbaren Wahrzeichen des Bugatti. Erst recht der Motor, jener Vier- oder Achtzylinder in Reihenanordnung, der nach absolut geometrischen Gesichtspunkten gebaut schien – ein Kasten aus poliertem Aluminium, an welchem auf der einen Seite der Vergaser – gegebenenfalls mit daruntersitzendem Kompressor – und auf der anderen die Auspuffrohre saßen. Unter der Motorhaube eines Bugatti sah es stets äußerst aufgeräumt, ja – appetitlich aus. Der Patron war eben Ästhet.

Die oft extravaganten Formen seiner Autos, die ausnahmsweise keine Rennwagen darstellten, zum Beispiel die eines Typ 55 oder 57, waren weitere Besonderheiten im Mosaik der Legendenbildung. Ettores Sohn Jean war ein begabter Karosseriekünstler und schuf Kreationen, die später oft imitiert wurden, aber an das Original nie herankamen. Ein Roadster vom Typ 55 mit seinen geschwungenen Kotflügeln und der niedrigen, geduckten Gesamtform war ein Muster-

Arbeitsplatz im Graham Paige 116. Wenig Widerstandskraft bewies der Klebstoff für die Ziffern im Tachometer: Die einst so aussagestarken Zeit-Raum-Symbole lösten sich und purzelten Stück für Stück in den Gehäuserand hinab…

und Meisterstück gelungener Proportionen. So konnte nur ein Bugatti aussehen. Auch die Coupés und Cabriolets der 57er Baureihe – Reihenachtzylinder mit 3,3 Liter Hubraum – vom Typ Galibier, Ventoux oder Stelvio wären selbst dann noch als Bugatti identifizierbar gewesen, hätte man ihnen andere Kühler, andere Räder gegeben. Die typischen Bugatti-Räder, seien es jene mit den breiten Bandspeichen aus Leichtmetall, die mit den hauchdünnen Klaviersaiten (Typ 59) oder die einmalig schönen Felgen des Typs 41 (12,8 Liter Hubraum – genannt La Royale), waren ebenfalls ein Stück Molsheimer Architektur.

Cord, Auburn und Duesenberg

Die Marke Bugatti, 1910 geboren, ist bereits heute eine Legende, auch wenn der allerletzte (leider wenig erfolgreiche) Rennwagen noch im Jahre 1960 auf die Piste geschoben wurde. Von Unsterblichkeit sprechen aber auch die Liebhaber ganz anderer Automobilfabrikate. Wie alles im Leben, so ist auch dies eine Frage des Standpunktes. Die schlummernden Schönheiten im Garten unseres Freundes Pierre würden nicht nur überzeugten Bugattisten die Tränen der Wehmut, vielleicht auch der Überwältigung, in die Augen treiben – nostalgisch bedingtes Schluchzen überkäme auch die Cord-Enthusiasten, wenn sie des seltenen 812 ansichtig würden, dessen avantgardistische Schlafaugen nur mehr trübe in die Dschungeldämmerung blicken. Erret Lobban Cord gilt als Prototyp des Selfmademan's, der es mit einigen Cents in der Tasche tatsächlich schaffte, sich zum berühmtesten Automonarchen (nach Henry Ford, versteht sich) der Vereinigten Staaten zu machen. Mr. Cord war nicht nur Chef in jenem Hause, das Automobile seines eigenen Namens produzierte – die Gründung der Firma Cord war 1929 beinahe die letzte in der Folge seiner Unternehmungen. Unter Bezug auf dieses Jahr wurde der erste Cord – ein Frontantriebswagen mit Reihenachtzylindermotor – L 29 genannt. Längst gehörten die Autofirmen Auburn und Duesenberg zu seinem Imperium, und Duesenberg war in den USA schließlich so etwas wie Rolls-Royce in England oder Maybach in Deutschland. Der Cord-Konzern umfaßte ferner mehrere Dutzend Zulieferfirmen und eine Motorenfabrik, die sowohl die Automobilindustrie (nicht nur seine eigenen Werke) als auch Flugzeugfabriken belieferte. Eine Luftfahrtgesellschaft und eine große Taxiflotte wären da ebenfalls zu nennen und und – und dann kam ganz schnell auch das Ende. Die Weltwirtschaftskrise traf einen Erret Lobban Cord ebenso unvorbereitet wie viele seiner Konkurrenten. Man überlebte noch ein Weilchen, versuchte sich mit neuen Modellen – wie ebenjenes mit den Schlafaugen – und ein paar Werbegags hinüberzuretten, doch die Zeichen der Zeit standen nicht gut für Exotik und Extravaganz. Cord, Auburn und Duesenberg bekamen schon in den späten dreißiger Jahren Oldtimerstatus. Sie wurden Raritäten, als die heute ebenfalls längst verschwundenen US-Fabrikate Nash, Hudson, Packard oder Studebaker noch Alltagsmobile waren.

Graham-Paige 3,5 Liter mit Kompressor 1935 – 39. Die verchromten Scheinwerfer überstanden alle Witterungseinflüsse besser als der Rest des Detroiter Klassikers.

Zwei Panhard Dyna der fünfziger Jahre, wie ein Zwillingspärchen nebeneinander hockend. Daneben ein Jaguar E-Type – Kontraste von einst in biologischer Annäherung …

250 Hotchkiss-Grégoire wurden zwischen 1951 und 1953 gebaut. Mit Frontantrieb und Overdrive und ständigen Reklamationen, die das Werk verzweifeln ließen. Ein Jahr später war Hotchkiss bankrott.

Gewächshaus des kleinen
Mannes? Ein Fall für den
Botaniker. Kein zweiter Panhard
Dyna der Welt dürfte so
vitaminreich durchsetzt sein
wie dieser…

Alfa Romeo 6C2500 mit einer
Leichtmetall-Cabriolet-
Karosserie von Touring Milano
(„Superleggera"), 1949. Fast
sieht es so aus, als habe ein mitt-
schiffs angepeilter Laternenmast
einst die Frontpartie dieses
eleganten Italieners demoliert...

Als dieser Tatra 1936 erstmals vorgestellt wurde, galt er schlichtweg als Sensation. Konsequenter hatte bislang noch kein Serienautomobil die „Stromlinie“ aufgewiesen!

Der Wirklichkeit weit entrückt, ein Stück Metamorphose (oder Metaphysik?), dem nur ein Stoff jahrzentelang Widerstand entgegensetzt: weißes Email.

a r i

Es dürfte nicht viele Tatra V8 der Vorkriegszeit in Frankreich geben. Dieses Exemplar kam vor Jahrzehnten aus der Schweiz ins Land – für immer.

Heckpartie des Hotchkiss-Grégoire 1951-53. Die winzigen Rückleuchten erachtete man damals durchaus als ausreichend; das Kennzeichen wurde von innen beleuchtet.

Jaguar E-Type Roadster 4,2 Liter 1971 – eine der jüngsten Automobilmumien in dieser Kollektion. Der Lack dieses Wagens scheint Substanzen zu enthalten, die einer blühenden Vegetation in besonderem Maße förderlich sind.

Lincoln Continental 1940.
Amerikas Präsidentenmarke aus dem Ford-Konzern und einer der wenigen Zwölfzylinder, die sich über die Zeit der Weltwirtschaftskrise zu retten vermochten.

Amerikanische Autophilosophie auf Sparflamme: Chevrolet Bel Air 1956. Kein Kind von Schönheit oder Rasse, dennoch heute eine Rarität – zumindest diesseits des Atlantiks.

Der Rost hat's schwer: Dieser
Aston Martin DB2 hat eine
Karosserie aus Aluminium.
Für Moos und Grünspan stehen
die Chancen etwas besser…

Lincoln V12 Continental

Wäre das Schluchzen der Cord-Freunde in Pierres Zaubergarten verklungen, würden wir vielleicht das hohle Räuspern jener vernehmen, die im Besitze eines Lincoln Continental ein allerhöchstes Glücksgefühl wähnen. Marken- und Modellbezeichnung signalisieren dem Wissenden zwölf Zylinder – die selbst in munterer Bewegung sich so leise verhalten wie in ihrer Erstarrung im ewigen Grabeslaub ihrer Ruhestätte. Die Marke Lincoln, 1921 gegründet, wurde nach nur zwölf Monaten Lebenszeit schon an Henry Ford verkauft, der bis dato immer nur Tin-Lizzies produzierte – millionenweise. Das legendäre T-Modell erhielt also 1921 einen großen Bruder, der so fein war, daß man ihn nie im gleichen Schaufenster zu sehen bekam, in welchem ein Ford T stand. Schließlich war der Lincoln von vornherein ein V8, und das wollte 1921 schon etwas heißen. 1932 – mitten in der großen Krise – erschien der V12, nachmalig Continental geheißen, mit 7,4 Liter Hubraum und allen luxuriösen Attributen, die besonders Gangsterbossen gut gefielen. Aber es waren auch Präsidenten, vornehmlich amerikanische, die sich im Lincoln wohlfühlten, von Truman bis Eisenhower und Kennedy, der tragischerweise in einem Lincoln (mit nur acht Zylindern) ums Leben kam. Den letzten V12 Continental baute die Lincoln Division im Ford-Konzern 1951. Nur ganz wenige kamen je nach Europa. Pierres Exemplare sind vielleicht mit der US-Army in Frankreich geblieben – oder sie gehörten amerikanophilen Schauspielern beziehungsweise deren Freundinnen.

Es wurden schon hoffnungslosere Fälle von risikofreudigen Autoliebhabern in die Kur genommen! Keine Aussichten, je wieder zum Leben erweckt zu werden, haben diese Boliden: Sie sind mit dem Boden, auf dem sie ruhen, schon so gut wie verwurzelt, rühren sich nie wieder vom Fleck.

Wer am Volant dieses Automobils saß, war Herr über 210 PS. Der Atalante war ein Vollblut, ein Stück Bugatti-Legende. Rechtsgelenkt, wie alle Bugattis.

Tatra

Weniger sentimental könnte sich der seelische Konflikt eines Tatra-Verehrers darstellen, würde er des Stromlinien-Achtzylinders vom Typ 87 ansichtig. Der Name Tatra, dem gleichnamigen Gebirge in der heutigen Tschechoslowakei gewidmet, hat eher einen rauhen Klang. Sogar einen Zwölfzylinder haben die Tschechen einmal gebaut. Aber Hans Ledwinkas berühmter V8 mit Stromlinienkarosserie und Pendelachsen oder seine robusten, für eine Ewigkeit konzipierten Zwei- und Vierzylinder der zwanziger und dreißiger Jahre sind viel typischere Vertreter dieses Fabrikats, das einst als ein österreichisches sein Dasein begann – und zwar schon vor der Jahrhundertwende. Damals hießen die Autos aus dem böhmischen Nesselsdorf schlichtweg Nesselsdorfer; erst 1919, als die tschechoslowakische Republik ausgerufen wurde, bekamen sie den neuen Namen Tatra.
Chefkonstrukteur Ledwinka, einer der wohl berühmtesten Automobilpioniere unseres Jahrhunderts, war der erste, der jüngste aerodynamische Erkenntnisse kompromißlos ins Design seiner Autos einfließen ließ. Andere hatten derlei Versuche rasch wieder aufgegeben, zum Beispiel Chrysler. Der fast unverkäufliche Airflow war das, was man heute einen Flop nennen würde. Ledwinka verkaufte, völlig im Gegensatz stehend zum Studebaker-Designer Raymond Loewy, von dem der Satz stammt „Häßlichkeit verkauft sich schlecht", seine Spitzhecklimousinen mit dreigeteilter Windschutzscheibe ausgezeichnet. Der gewaltige Dreilitermotor, luftgekühlt, den man durch das Hochklappen des gesamten rückwärtigen Karosserieviertels von allen Seiten betrachten konnte, machte aus dem Wagen einen deutlichen Übersteuerer. Der Porsche-Akrobat Richard von Frankenberg hätte mit dem Tatra 87 seine berühmte Powerslide-Technik zu einem haarsträubenden Spektakulum steigern können – ein Nuvolari auf dem Heckmotor-Auto Union der späten dreißiger Jahre wäre vor Neid erblaßt. Den Tatra 87 gab es noch nach dem Kriege zu kaufen, und hin und wieder sah man dieses eindrucksvolle Auto als Botschaftswagen der Tschechen und Polen auch in westlichen Metropolen. Ich habe einen solchen Boliden über Hunderte von Landstraßenkilometern in Österreich bewegen dürfen, als 16-Zoll-Reifen in Tatra-Dimension nur auf dem schwarzen Markt zu haben waren – und da ich dank der bis auf die Leinwand durchgefahrenen Pneus zwei Pannen pro Tag zu bewältigen hatte, lobte ich die Stunde, zu der ich das Auto endlich wieder gegen meinen kleinen DKW eintauschen durfte.

Panhard-Levassor

Pierres Raritäten-Kabinett enthält unter anderem Repräsentanten zweier weiterer, heute nicht mehr existenter Marken. Da wäre zum Beispiel Panhard-Levassor. René Panhard und Emile Levassor gehörten anno 1886 zu den ersten, die Gottlieb Daimlers Motorwagen-Erfindung in ihrer ganzen Tragweite erkannten und sich beeilten, den von ihm entwickelten Motor in Lizenz nachzubauen. Der erste, 1891 in Betrieb genommene Panhard-Levassor zählt zu den Meilensteinen der französischen Automobilindustrie. Seither profilierte sich diese Marke auf zahlreichen Ebenen, auch im Motorsport. Im Motoren- und Fahrwerksbau, in der Erprobung aerodynamisch geformter Karosserien, in der Anwendung neuer Materialien war Panhard ebenfalls führend. Der Typ Dynamic ist ein gutes Beispiel dafür, was man in den dreißiger Jahren als Avantgarde bezeichnete. Auch die kleinen Dyna, die PL 17 und last, not least die 24-CT-Coupés der sechziger Jahre legen Zeugnis ab von einem festen Glauben an eine andere Autowelt – die aber nicht jedermanns Sache war. Panhard verlor zusehends an Bedeutung, mußte 1967 aufgeben und seine Werksanlagen Citroën überlassen. Einer der traditionsreichsten Namen der französischen Automobilgeschichte hatte nur noch nostalgischen Klang.

Hotchkiss-Grégoire

Ein ganz seltener Vogel in Pierres Wundervolière dürfte der Hotchkiss-Grégoire sein, den es nur in wenigen Exemplaren gab. Der Name Hotchkiss geht auf eine Kanonengießerei zurück, die im neunzehnten Jahrhundert von einem Amerikaner im Pariser Vorort St. Denis gegründet wurde und in Friedenszeiten in ihrer Produktionskapazität nie ausgelastet war – Schicksal vieler Rüstungsbetriebe jener Jahre. Die Waffenfabriken BSA, Steyr, Mauser, Enfield, Walter fanden aus genau den gleichen Gründen früher oder später zur Motorrad- oder Automobilbranche. Auch André Citroën hatte in seinen Fabriken Granaten gedreht, ehe er beschloß, Autohersteller zu werden. Daß – vice versa – fast alle Automobilfabriken in der Zeit zwischen 1940 und 1945 zu Rüstungsbetrieben umfunktioniert wurden, ist eine ganz andere Geschichte. Bei Packard wurden in gleichem Maße Flugmotoren für Bomber produziert wie man in deutschen Traditionsbetrieben der Motorbranche auf Anordnung höchster Regierungsdienststellen U-Boot-Torpedos und anderes Kriegsgerät herzustellen hatte. Als es um die Jahrhundertwende wieder einmal etwas friedlicher in Europa zuging, wandte sich eine Reihe von Waffenfabriken, wie auch Hotchkiss, anderen Betätigungen zu, etwa dem Automobilbau, zumal dieser Wirtschaftszweig Rendite zu bringen versprach (während man in Kriegszeiten, versteht sich, die Fertigung schnell wieder auf Granaten umschaltete – daran ließ sich letztlich doch etwas mehr verdienen): Die ersten von Hotchkiss produzierten Motorwagen erschienen im Jahre 1903. Es waren gewaltige Vierzylinder

Graham-Paige 116 oder:
So schön kann Rost sein. Die Naturprozesse, die zur Strukturierung dieser Flächen beitrugen, vermag kein Mensch nachzubilden...

von 4,6 und 7,4 Liter Hubraum. Mit kleineren Kalibern hielt man sich gar nicht erst auf – das zaghafte Experimentieren mit Ein- und Zweizylindern überließ man der lieben Konkurrenz. Mit einem großen Hotchkiss pflegte man Rennen und Rallyes zu gewinnen, etwa die Monte in den Jahren 1932, 1933, 1934, 1949, 1950. Michèle Moutons oder Walter Röhrls Vorgänger nahmen die auch damals schon tiefverschneiten Alpenpässe im Sonntagsanzug, ohne Spikereifen, ohne Servicefahrzeuge im Troß, und ihre Motoren entsprachen bis aufs kleinste Detail jenen, die in einem beliebigen anderen Hotchkiss der gleichen Baureihe zu finden waren.
Dennoch: Die Marke vermochte sich gegen die Übermacht der großen vier – das waren Renault, Citroën, Peugeot, Simca – auf Dauer nicht zu behaupten. Im Understatement ging Hotchkiss unter. Keine großartigen Werbekampagnen à la Citroën – mit Illuminations-Effekten über die gesamte Eiffelturmlänge oder Orient-Expeditionen, die eine Weltpresse in Atem hielten – richteten das Hotchkiss-Image wieder auf. Ein letzter Versuch, sich ein wenig ins Rampenlicht zu stellen, war die Liaison mit einem Monsieur Grégoire, um gemeinsam einen Frontantriebswagen unter weitgehender Verwendung von Leichtmetall zu bauen.
J. A. Grégoire hatte schon unter eigenem Namen Automobile gebaut und verkauft, aber nie große Fortüne gehabt – auch sein Engagement mit Hotchkiss in den Jahren 1951 bis 1953 führte nur zu Zerwürfnissen und Zwietracht. Niemand wurde mit dem technisch zwar interessanten, aber eben doch recht ungewöhnlichen Boxermotor-Fronttriebler in Leichtbauweise glücklich. Hotchkiss und Grégoire trennten sich wieder, und im Jahre 1956 machte die Personenwagenfertigung bei Hotchkiss die Tore dicht. Lastwagen – hauptsächlich für die französische Armee – gab es unter dem Markennamen Hotchkiss noch bis 1970.

Berühmte Autos

Ferrari und Lotus, Rolls-Royce und Jowett, Lancia und Alfa Romeo – all diese Namen zergehen dem Fan auf der Zunge. Nur Pierre nicht. Nicht mehr? Und er mag es auch gar nicht, daß sie anderen auf der Zunge zergehen, wenn er dabei ist. Gegen Automobil-Gourmets hat er eine Abneigung entwickelt. Oder schützt er dies nur vor, um dem Thema auszuweichen? Gönnt er es niemandem, an seinem reich gedeckten Tisch zu sitzen wie jener Mr. Nethercut, der in der Nevada-Wüste einen Betonklotz errichten ließ, in dessen Innerem sich heute die wertvollsten Oldtimer der Welt befinden? Immerhin haben ein paar Auserwählte – es heißt, es seien nie mehr als 200 im Jahr – die Chance, gegen eine Eintrittsgebühr von fünfzig Dollar die Nethercut-Preziosen ein paar Stunden lang betrachten zu dürfen. Die Klassiker in jenem Bunker sind natürlich toprestauriert, sehen aus wie fabrikneu oder besser (das mögen die Amerikaner gern), während Pierres Boliden das krasse Gegenteil darstellen. Aber fünfzig Dollar oder auch ein Vielfaches dessen würde so mancher Fanatiker auch gern ausgeben, könnte er nur des Abenteuers teilhaftig werden, einen Rundgang durch Pierres Kollektion zu unternehmen. Brennesseln hin oder her, Kletten, Disteln, Hühner- und anderer Dreck, Öl, Staub und Schmiere – kein Opfer, kein Leid, kein Schmutzfleck wäre zu groß im Vergleich zu dem Erlebniswert, den diese französische Gartenschau im Verborgenen vermitteln würde…

Fuhr einem der Lincoln Zwölfzylinder anno 1948 davon, sah man von ihm diese vergleichsweise schlichte Heckpartie. Das Wappen krönt ein amerikanischer Bundesadler en miniature.

12-Zylinder-Motor des Lincoln Continental 1948, einst gerade gut genug für Monarchen, Präsidenten und die Prominenz von Film und Bühne.

Wir müssen uns mit Herbert Hesselmanns Bildern begnügen. Ich habe sie mir stundenlang angesehen. Erst die Dias. Dann als hochprojizierte Bilder an der Leinwand. Dann die besten Motive als Poster. Zwischendurch erschienen die Berichte in der Presse. Der amerikanische Verleger L. Scott Bailey entsandte einen Art Director quasi über Nacht nach München, um sicherzustellen, daß auch kein anderer Landsmann etwa den Vorzug bekäme. So konnte sich das Edel-Periodikum „Automobile Quarterly“ die Sensation für die Staaten sichern. Ich habe mir drei Exemplare der Quarterly-Edition besorgt und weggeschlossen – für später. Wenn andere Autos sammeln, habe ich ein paar schöne Glanzpapierbilder mit ebensolchen drauf. Es soll alte Autobücher geben, für die Liebhaber heute vierstellige Summen bieten. Ich werde Geduld haben.

Die Bilder der „Schlafenden Schönheiten“ machen nachdenklich. Wie war das mit der Autoreklame in früheren Jahren – klopfte man damals nicht die gleichen Sprüche wie heute? 1921 sagten ansonsten ernstzunehmende Leute, man brauche nun das Automobil nicht mehr weiterzuentwickeln, denn es sei ja wohl auf dem Höhepunkt des Möglichen angelangt. Zwischen den Zeilen kann man das heute noch aus der Automobilwerbung herauslesen. Dennoch – aus ein paar Jahren Abstand sieht das schon wieder ganz anders aus. Nicht wegdiskutieren läßt sich so mancher Irrweg, den unsere Ingenieure und Designer vor noch nicht allzu langer Zeit einschlugen, als sie – branchenbedingt – unter Zugzwang standen (und noch immer stehen), sich immer wieder etwas Neues einfallen lassen mußten. Bemühungen um bessere Aerodynamik zerflossen in Zugeständnisse an den sogenannten Publikumsgeschmack – dennoch prahlten die Hersteller mit „Stromlinien“, die schon längst keine mehr waren. Aufwendig gebaute Kompressoren versprachen Höchstgeschwindigkeiten, die man nur für Sekunden auskosten durfte, wollte man nicht erleben, daß einem der Motor verreckte. Kofferräume wurden durch ein, wenn nicht gar zwei Ersatzräder so gut wie unzugänglich, Scheibenwischer, vakuumbetrieben durch die Ansaugleitungen vom Vergaser zum Motor, blieben bei langsamer Fahrt wirkungslos, und Schalt- oder Handbremshebel, die just zwischen Sitz und Fahrertür positioniert waren, sorgten sogar beim Rolls-Royce für blaugeschlagene Schienbeine und zerrissene Hosenaufschläge. Lange Zeit scheute man sich, Rückfenster zu vergrößern, Anlasserschalter von Fuß- auf Handbetrieb umzustellen oder etwa Außenspiegel in die Serienausrüstung einzubeziehen. Andererseits bewiesen Prediger des Fortschritts, den sie auch noch selbst vorlebten, wie schnell sie damit in die Pleite fuhren. Mit dem Cord 812, in den dreißiger Jahren eine technische Revolution und seiner Zeit in vieler Hinsicht weit voraus, ging der Auburn-Cord-Duesenberg-Konzern bankrott, nicht anders erging es Preston Tucker mit seinem Sicherheitsauto oder vielen anderen, deren vernünftige Ideen (noch) nicht gefragt waren …

Bankrott gingen auch die Hersteller des fortschrittlichen Hotchkiss-Grégoire, aufgeben mußten Bugatti – eine legendäre, aber jedem technischen Fortschritt abholde Marke – und Hispano-Suiza, Borgward und Röhr, Glas und Pegaso, Packard und Studebaker. Manche fanden Unterschlupf bei größeren, stärkeren Partnern, übertrugen ihre guten Namen anderen Produkten. Die meisten Automobilhersteller, die auf dem Höhepunkt ihres Ruhmes oder kurz danach abtraten, hatten die Zeichen ihrer Zeit nicht zu deuten verstanden. Zu viele Idealisten unter ihnen hatten das Sagen. Es war und ist vom Standpunkt der Industrie nicht immer richtig, besonders gute oder gar besonders langlebige Autos zu bauen – das können sich nur sehr wenige Produzenten, deren Aufsichtsräte nicht von allzu vielen Bankmanagern beherrscht werden, leisten. Und ein Röhr und ein Pegaso und ein Hispano waren nun einmal besonders gute Autos. Zu gute vermutlich. Mehr Mittelmäßigkeit hätte ihnen eine Überlebenschance gesichert. Gedanken, die einem beim Betrachten der Hesselmann-Bilder durch den Kopf gehen. Ich habe mit vielen Autoliebhabern, aber auch mit kritisch Eingestellten über die Fotos und ihre Aussage diskutiert, und in den meisten Fällen entfernten wir uns letztlich vom Thema Auto, landeten völlig im automobilen Abseits. Eine Bestätigung des Verhaltensphänomens, das uns an Pierre so rätselhaft erschien? Für ihn sind die Fahrzeuge in seinem Dschungelpalast vielleicht gar keine Automobile mehr. Es ist schwer, einem Bugattisten dies klarzumachen, wenn er sich die Fotos immer und immer wieder ansehen muß.

Ich habe Herbert W. Hesselmann 1973 auf einer Oldtimer-Rallye kennengelernt. Er pilotierte einen BMW 328 (den er auch heute noch besitzt) und willigte ein, eine Englandreise mitzumachen, um an einem Veteranentreffen teilzunehmen. Seine Fotos vom Precott-Bergrennen sind für mich heute noch die besten Bilder, die ich je von diesem aufregenden Hillclimb gesehen habe. Natürlich haben ihn dann die Oldies nicht mehr losgelassen. Sein BMW 328 hat längst eine Reihe von adäquaten Stallgenossen bekommen. Nur ein Hesselmann konnte aus der französischen Zauberkollektion, die Ihnen in diesem Buch präsentiert wird, eine solch faszinierende Dokumentation entstehen lassen. Übrigens war es einem Wagen inzwischen vergönnt, seine Wiederauferstehung zu feiern. Welcher es ist? Insider haben es bereits herausgefunden. Aber sie wissen nicht, woher der große Unbekannte stammt. Den anderen Autos wird es mit Sicherheit vergönnt sein, noch sehr, sehr lange in ihrer Ruhe ungestört zu verharren. Würden sich die Gutshoftore öffnen, wäre die Oldtimerszene zwar um eine Anzahl interessanter und wertvoller Boliden reicher – die Welt der Romantik aber um ein wahres Märchen ärmer.

Panhard Dynamic 1937: Extravagant, aufwendig, teuer. Daneben (rechts) ein Bentley Mk. VI 1948: konservativ, nüchtern, voller Understatement. Entente cordiale abseits der Boulevards und Avenuen.

ANHANG

Da die meisten „Sleeping Beauties“ nur noch einen schwachen Eindruck ihrer einstigen Schönheit vermitteln, werden sie hier noch einmal anhand alter Werksfotos und privater Aufnahmen aus dem Archiv von Halwart Schrader vorgestellt.
Die Wagen sind in alphabetischer Reihenfolge abgebildet und anhand der angegebenen Seitenzahlen im Buch wiederzufinden.
Da nicht zu jedem Farbbild Archivaufnahmen baugleicher Modelle zur Verfügung standen, sind z.B. einige Cabrios im Anhang als Coupés, Limousinen als Cabrios und umgekehrt gezeigt.

Alfa Romeo 6C2500
Diesen klassischen Sechszylinder, den es kurz vor dem Kriege als auch noch bis in die frühen fünfziger Jahre hinein gab, konnte man in unterschiedlichen Karosserie-Varianten erhalten. Der 2443-ccm-Motor lieferte 90 PS, gut für 155 km/h. Fast alle diese Wagen wiesen Rechtslenkung auf.
Seite 38, 50

Aston Martin DB2
Der DB2, 1950 bis 1953 in Newport Pagnell gebaut, war ein Klassiker unter den britischen Sportwagen. Der von W.O. Bentley konzipierte Sechszylinder (2580 ccm, 106 PS) wies zwei obenliegende Nockenwellen auf und beschleunigte das Coupé auf 192 km/h. Der DB2 wurde genau 409mal gefertigt.
Seite 48

Bentley Mk. VI
Der erste Serienwagen, den Bentley kurz nach Kriegsende baute. Es gab diesen Sechszylinder (4257 ccm) bis 1952, und er war der erste Bentley, der mit einer „Einheitskarosserie“ geliefert wurde. Über die Leistung schwieg man sich – wie bei Rolls-Royce – aus.
Seite 62/63

Bugatti Fiacre
Einige Bugattis erhielten extravagante Karosserien nach Art früherer Postkutschen, so auch dieser Typ 44 mit Achtzylindermotor (2991 ccm, 80 PS), den es von 1928 bis 1931 in einer Gesamtzahl von etwa 1100 Stück gab.
Seite 15, 27

Bugatti Typ 40
Den Bugatti Typ 40 gab es von 1926 bis 1930. Dieser 1,5-Vierzylinder war ausnahmsweise kein Kompressor-Wagen. Erhältlich war dieses Modell als Touren- oder Sportwagen, aber auch als Limousine. Rund 900 Exemplare wurden von diesem Bugatti hergestellt.
Seite 10/11

Bugatti Typ 57 SC Atalante
Das ist die Kompressor-Ausführung des Typ 57, in der Baulinie niedriger, und mit eingeschaltetem Lader (210 PS) an die 200 km/h schnell. Den Bugatti Typ 57 SC gab es von 1935 bis 1940.
Seite 10/11, 51

Bugatti Ventoux Coupé
Der Bugatti 57 in sogenannter Ventoux-Ausführung war ein elegantes Coupé mit Achtzylinder-Reihenmotor (3257 ccm, 135 PS). Von 1934 bis 1940 wurden 750 Stück in unterschiedlichen Aufbauformen hergestellt; auch gab es einige Wagen mit Kompressor.
Seite 10/11, 22/23, 26

Chevrolet Bel Air
1951 erschien bei Chevrolet der erste Sechszylinder mit dem Namen Bel Air. Sein Kennzeichen waren von Anfang an Panorama-Front- und Heckscheiben; es gab auch Kombiausführungen und Cabriolets. Der Sechszylindermotor (3948 ccm, 108 PS) blieb jahrelang Standard-Aggregat bei General Motors.
Seite 47

Cord 812
Der von Gordon Buehrig entworfene Schlafaugen-Cord 812 entstand 1934 im Cord-Auburn-Duesenberg-Konzern, hieß zuerst 810 und hatte einen Achtzylinder-V-Motor (4730 ccm, 195 PS) – und einen Kompressor. 1937 wurde die Produktion eingestellt: Der Wagen hatte zu wenig Anklang gefunden…
Seite 10/11, 14

Cord L-29
Dieses war das erste Automobil mit dem Markennamen Cord. Es wurde 1929 vorgestellt und hatte einen Achtzylinder-Reihenmotor von Lycoming (4934 ccm, 125 PS) und als Besonderheit Vorderradantrieb – dieser Wagen war praktisch das erste serienmäßig gebaute Auto mit diesem heute so beliebten Antriebsprinzip.
Seite 10/11, 18, 19

Ferrari America
Ein 250 GT, wie es ihn in diversen Ausführungen zwischen 1959 und 1962 gab.
Der kraftvolle V12-Motor (2953 ccm, 280 PS) war ein Meisterwerk des italienischen Konstrukteurs Colombo. Der 250 GT ist einer der gesuchtesten Ferraris…
Seite 40/41

Fiat 1100 Spezial
In nur ganz geringer Stückzahl entstanden 1946–49 einige Fiat 1100 mit Stromlinien-Coupékarosserie, wie man sie auch zur Mille Miglia einsetzte. Das Auto ging 130 km/h – das galt vor vier Jahrzehnten als ein ganz beachtliches Tempo…
Seite 10/11

Graham-Paige 116 Supercharger Six
1935 wurde der Graham-Paige Sechszylinder (3500 ccm, 80 PS) vorgestellt, ein Mittelklassewagen, der immerhin mit Kompressor ausgestattet war. Er entlockte dem Motor zusätzliche 36 PS – daher die Typenbezeichnung 116, die sich auf die (SAE-)PS bezog. Den Supercharger Six konnte man bis 1939 kaufen.
Seite 30/31, 33, 54/55

Hotchkiss-Grégoire
Der Frontantriebs-Pionier J.A. Grégoire vermochte die Automobilfirma Hotchkiss 1951 davon zu überzeugen, daß ein von ihm entwickelter Wagen mit Aluminium-Boxermotor (2020 ccm, 80 PS) das Auto der Zukunft sei. Bis 1953 wurden 250 Stück gebaut – und die Firma Hotchkiss ging bankrott.
Seite 36, 43

Jaguar E-Type Roadster
An eine große Sport-Tradition anknüpfend, stellte Jaguar 1961 einen neuen Roadster vor, den legendären E-Type, der in verschiedenen Ausführungen bis 1975 gebaut wurde. In seiner ersten Form hieß der E-Type „3.8“ (3781 ccm, 265 PS) und ging beachtliche 245 km/h. Der 4,2 Liter erschien 1964, die V12-Version kam 1971 auf den Markt.
Seite 34/35, 44/45

Lincoln Continental
„Es gibt nichts Feineres", behauptete Lincoln 1946 von seinem Flaggschiff mit Zwölfzylinder-V-Motor (4370 ccm, 116 PS). Der teure Superwagen wurde noch bis 1948 hergestellt, dann begnügte man sich mit „nur" acht Zylindern. 1940 wurden von diesem Auto, das dem Cadillac gleichzusetzen war, 404 Exemplare gebaut.
Seite 46, 58, 59

Panhard Dynamic
Mut zum Experiment hatte Panhard schon immer. 1937 kamen die Franzosen mit einer Stromform-Limousine auf den Markt, die mit Sechszylindermotoren von 2,5 bis 3,8 Liter Hubraum zu erhalten war. Der Fahrer saß auf der dreiplätzigen Sitzbank in der Mitte. Es gab dieses Auto bis 1939.
Seite 62/63

Panhard Dyna 120
Ein kleiner, leistungsstarker Zweizylinder-Boxer (750 ccm, 31 PS), robust und von hoher Lebensdauer. Es gab dieses Auto von 1950 bis 1954; einige Jahre später aber war die Marke Panhard – eine der ältesten Frankreichs – verschwunden: Citroën hatte sie geschluckt.
Seite 34/35, 37

Tatra 87
Das berühmte Stromlinien-Modell der späten dreißiger Jahre baute Tatra noch bis 1948. Dieser Wagen ist einer der letzten V8 dieser Reihe (2960 ccm, 75 PS). Der luftgekühlte Motor im Heck war ein Meisterstück an Laufruhe und Elastizität.
Seite 39, 42